鬥智擂台

金牌數獨 ②

謝道台　林敏舫　編著

新雅文化事業有限公司
www.sunya.com.hk

目錄

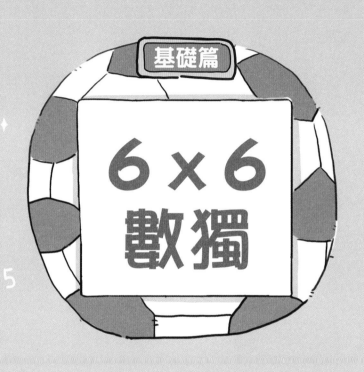

基礎篇

6 x 6
數獨

6×6數獨的遊戲規則

6×6數獨謎題共有36個格子，有6個橫行，6個直行和6個宮（2×3格子），遊戲規則如下：

題目

			1		
		3	2		
5	1			3	
	3			4	1
		2	3		
		1			

在空格內填上數字1至6，使得每個數字在每一橫行、每一直行，以及每個宮（2×3格子）內都只出現一次。

↓

答案

4	2	5	1	6	3
1	6	3	2	5	4
5	1	4	6	3	2
2	3	6	5	4	1
6	4	2	3	1	5
3	5	1	4	2	6

6 x 6 數獨常見的解題思路有兩種。

第一個方向是從「數字可以填在哪一格」入手分析。

以右邊的盤面為例，根據盤面上的已知數，在右上角綠色的宮（2x3 格子）內，「1」可以填在哪裏呢？

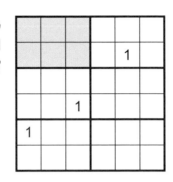

				1	
		1			
1					

根據數獨的遊戲規則，在每個數字在每一橫行、每一直行，以及每個宮（2x3 格子）內都只出現一次。由於在第一直行、第三直行和第二橫行均已有「1」，那麼我們就可以找右上角宮中「1」的所在位置了。

再來看看另一個例子，根據盤面上的已知數，在第二橫行的「1」可以填在哪裏呢？

2		3			
			1		
	1				
					1

請觀察第二橫行，該橫行中已有數字 2 和 3，而其他直行中已經出現 3 次「1」了，所以只剩下第五直行的空格能填上「1」。

2	✕	3	✕	1	✕
			①		
	①				
					①

另一個方向是從「某一格內可以填上哪個數字」入手分析。

以右邊的盤面為例，根據盤面上的已知數，「★」應該填上哪個數字呢？

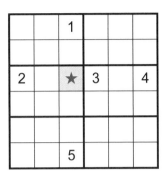

		1			
2		★	3		4
		5			

根據數獨的遊戲規則，由於在「★」所在的第三橫行已有「2」、「3」和「4」，而在第三直行已有「1」和「5」，所以這裏只能填上「6」。

		1			
2		6	3		4
		5			

在實際解題的過程中，大多數人都會有這樣的困惑，明明知道如何觀察，但往往還是觀察不出來。在此，我們給大家一些小貼士，提高大家的解題能力：

1. 從剩餘空格較少的地方入手。看一看，哪些橫行、直行或宮剩下較少的空格呢？

2. 從盤面上出現次數較多的數字入手。

3. 按照一定的順序觀察，從而避免遺漏，例如：從左上角或右上角宮的順序觀察，或者先從數字「1」開始逐個觀察。

小朋友，快來接受挑戰，完成以下的數獨練習吧！

Q1 ?

完成時間：________________

2				1	3
6		3	2		
	5				
				4	
		1	4		2
4	2				5

小提示：

從左上角的宮入手。根據第一橫行的「1」和第二直行的「5」，就可以確定這裏「1」、「4」和「5」的位置了。

9

Q1 答案!

2	4	5	6	1	3
6	1	3	2	5	4
1	5	4	3	2	6
3	6	2	5	4	1
5	3	1	4	6	2
4	2	6	1	3	5

Q2 ?

完成時間：_____

		2	5		6
	6			1	
6					5
2					1
	3			5	
1		5	6		

小提示：

找一找，在左上角的宮內，「1」可以填在哪個空格裏？

11

Q2 答案!

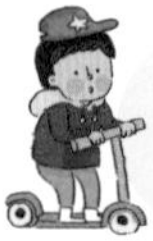

3	1	2	5	4	6
5	6	4	2	1	3
6	4	1	3	2	5
2	5	3	4	6	1
4	3	6	1	5	2
1	2	5	6	3	4

Q3

完成時間：_____

		1	6		
	5	3			
3	1				4
2				1	5
			1	4	
		6	5		

💡 小提示：

從左上角的宮入手，其中「2」、「4」和「6」仍未填上。
根據第一橫行的「6」和第一直行的「2」，就可以確
定最左上角這一格只能填上「4」。

13

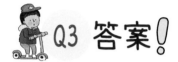

Q3 答案！

4	2	1	6	5	3
6	5	3	4	2	1
3	1	5	2	6	4
2	6	4	3	1	5
5	3	2	1	4	6
1	4	6	5	3	2

Q4

完成時間：＿＿＿＿＿＿＿＿＿＿

			5		
		3	2		6
6	5			3	
	3			6	5
3		5	6		
		1			

💡 小提示：

這道題「5」的出現次數比較多，找一找，在左上角的宮內，「5」可以填在哪個空格裏？

15

Q4 答案！

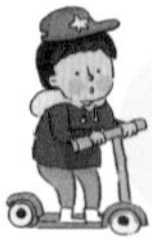

4	2	6	5	1	3
5	1	3	2	4	6
6	5	4	1	3	2
1	3	2	4	6	5
3	4	5	6	2	1
2	6	1	3	5	4

Q5 ?

完成時間：_____

		1	4		
	5			3	
1		4			6
5			2		4
	4			2	
		2	5		

💡 小提示：

這道題「4」的出現次數比較多，找一找，在左上角的宮內，「4」可以填在哪個空格裏？

Q5 答案!

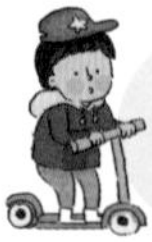

2	3	1	4	6	5
4	5	6	1	3	2
1	2	4	3	5	6
5	6	3	2	1	4
3	4	5	6	2	1
6	1	2	5	4	3

Q6 ?

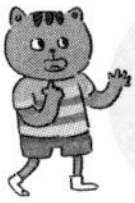

完成時間：________________

5		3			1
	1			2	
2			3		
		4			2
	5			4	
6			2		5

小提示：

找一找，在右上角的宮內，「5」可以填在哪個空格裏？

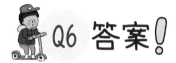

Q6 答案!

5	2	3	4	6	1
4	1	6	5	2	3
2	6	5	3	1	4
1	3	4	6	5	2
3	5	2	1	4	6
6	4	1	2	3	5

Q7 ?

完成時間：＿＿＿＿＿＿＿＿＿

		5	3		
	6			5	
1					4
5					3
	5			6	
		1	2		

💡 小提示：

找一找，在第一直行中，「6」可以填在哪個空格裏？

Q7 答案！

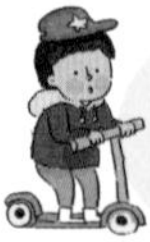

2	1	5	3	4	6
4	6	3	1	5	2
1	3	6	5	2	4
5	2	4	6	1	3
3	5	2	4	6	1
6	4	1	2	3	5

Q8 ?

完成時間：＿＿＿＿＿＿＿＿

	1	2	6	4	
				5	
			3		
		4			
	3				
	6	1	5	3	

小提示：

第一橫行只剩下兩格，我們就可以從這裏入手。由於右上角的宮內已經有「5」，那麼我們就可以確定「3」和「5」的位置了。

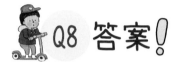

Q8 答案！

5	1	2	6	4	3
6	4	3	2	5	1
1	5	6	3	2	4
3	2	4	1	6	5
2	3	5	4	1	6
4	6	1	5	3	2

Q9 ?

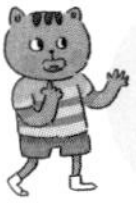

完成時間：________________

6					5
	4		2	3	
	3				
				2	
	5	4		1	
1					4

小提示：

找一找，在右上角的宮內，「6」可以填在哪個空格裏？

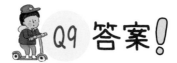 Q9 答案！

6	2	3	1	4	5
5	4	1	2	3	6
2	3	5	4	6	1
4	1	6	5	2	3
3	5	4	6	1	2
1	6	2	3	5	4

Q10?

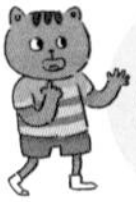

完成時間：________________

1					2
		3			
		4	5	6	
	1	5	2		
			1		
4					3

小提示：

從「1」開始入手。找一找，在左下角的宮內，「1」可以填在哪個空格裏？

Q10 答案！

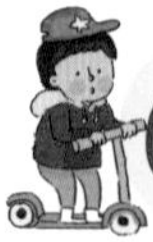

1	4	6	3	5	2
5	2	3	4	1	6
2	3	4	5	6	1
6	1	5	2	3	4
3	6	2	1	4	5
4	5	1	6	2	3

Q11

完成時間：＿＿＿＿＿＿＿＿＿＿

		6	4		
	1			2	
		2			6
3			2		
	2			3	
		4	1		

💡 小提示：

找一找，在左上角的宮內，「2」可以填在哪個空格裏？

Q11 答案！

2	5	6	4	1	3
4	1	3	6	2	5
1	4	2	3	5	6
3	6	5	2	4	1
6	2	1	5	3	4
5	3	4	1	6	2

Q12?

完成時間：________________

				4	
		6	2	3	1
	6			5	
	4			2	
1	2	5	3		
	3				

小提示：

第二直行只剩下「1」和「5」仍未填上。由於第二橫行已有「1」，我們就可以確定在第二直行中「1」和「5」的位置了。

Q12 答案！

3	1	2	6	4	5
4	5	6	2	3	1
2	6	1	4	5	3
5	4	3	1	2	6
1	2	5	3	6	4
6	3	4	5	1	2

完成時間：＿＿＿＿＿＿＿＿＿

1					6
		3	2		
	1		5	3	
	3	5		6	
		1	6		
3					1

小提示：

找一找，在右上角的宮內，「1」可以填在哪個空格
裏？

Q13 答案！

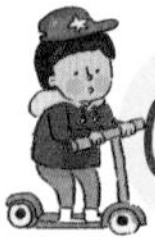

1	5	2	3	4	6
4	6	3	2	1	5
6	1	4	5	3	2
2	3	5	1	6	4
5	4	1	6	2	3
3	2	6	4	5	1

Q14?

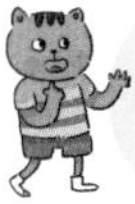

完成時間：________________

			2		
		2	4	1	
	2			4	6
6	1			3	
	3	5	6		
		6			

小提示：

找一找，在第二橫行中，「6」可以填在哪個空格裏？

Q14答案!

4	5	1	2	6	3
3	6	2	4	1	5
5	2	3	1	4	6
6	1	4	5	3	2
1	3	5	6	2	4
2	4	6	3	5	1

Q15?

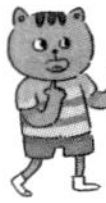

完成時間：________________

	6			3	
5					6
		1	3		
		3	6		
3					2
	2			5	

小提示：

找一找，在左上角的宮內，「3」可以填在哪個空格裏？

Q15 答案！

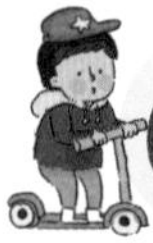

1	6	2	5	3	4
5	3	4	2	1	6
6	4	1	3	2	5
2	5	3	6	4	1
3	1	5	4	6	2
4	2	6	1	5	3

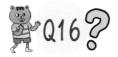

Q16?

完成時間：____________

	6			2	
2			4		3
	3	2			
			2	3	
6		3			2
	2			1	

小提示：

找一找，在右上角的宮內，「6」可以填在哪個空格裏？

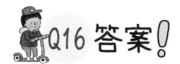

Q16 答案!

3	6	4	1	2	5
2	5	1	4	6	3
1	3	2	6	5	4
5	4	6	2	3	1
6	1	3	5	4	2
4	2	5	3	1	6

Q17 ?

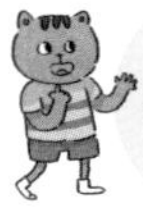

完成時間：____________

		1	5		
	2			6	
		6			
			4		
	4			2	
		5	6		

小提示：

找一找，在左下角的宮內，「6」可以填在哪個空格裏？

Q17 答案！

3	6	1	5	4	2
5	2	4	3	6	1
4	5	6	2	1	3
1	3	2	4	5	6
6	4	3	1	2	5
2	1	5	6	3	4

完成時間：＿＿＿＿＿＿＿＿＿

			2	3	
				4	5
					1
4					
2	5				
	1	3			

💡 小提示：

從最右上角和最左下角入手，找出只剩哪一個數字可以填上。

43

Q18答案！

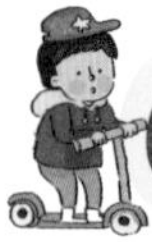

1	4	5	2	3	6
3	2	6	1	4	5
5	3	2	4	6	1
4	6	1	3	5	2
2	5	4	6	1	3
6	1	3	5	2	4

Q19?

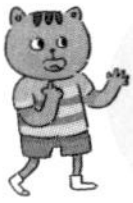

完成時間：__________

	6		5	2	
5					4
2		1			
			2		1
3					5
	5	6		3	

小提示：

找一找，在第一橫行中，「1」可以填在哪個空格裏？

Q19 答案!

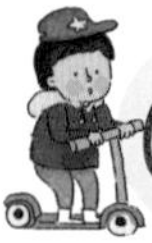

1	6	4	5	2	3
5	2	3	6	1	4
2	4	1	3	5	6
6	3	5	2	4	1
3	1	2	4	6	5
4	5	6	1	3	2

Q20?

完成時間：________________

			3		
		4			
	5				4
3				2	
			1		
		1			

小提示：

找一找，在右上角的宮內，「4」可以填在哪個空格裏？

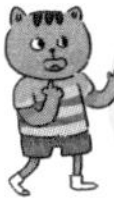

Q20 答案!

2	1	5	3	4	6
6	3	4	2	1	5
1	5	2	6	3	4
3	4	6	5	2	1
4	6	3	1	5	2
5	2	1	4	6	3

Q21

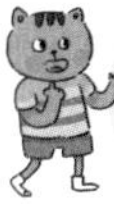

完成時間：__________

		5	2		
				3	
6					1
1					4
	2				
		1	4		

小提示：

找一找，在右上角的宮內，「4」可以填在哪個空格裏？

Q21 答案!

3	1	5	2	4	6
2	6	4	1	3	5
6	4	2	3	5	1
1	5	3	6	2	4
4	2	6	5	1	3
5	3	1	4	6	2

Q22 ?

完成時間：＿＿＿＿＿＿＿＿＿

	3	1		6	
		4	2	5	
	5	3	4		
	1		6	2	

💡 小提示：

先從第二橫行入手，只剩下「2」、「4」和「5」仍未填上。由於第四直行出現了「2」和「4」，便可以確定第二橫行中「5」的位置。

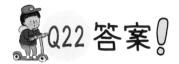

Q22答案!

5	2	6	3	4	1
4	3	1	5	6	2
1	6	4	2	5	3
2	5	3	4	1	6
3	1	5	6	2	4
6	4	2	1	3	5

Q23 ❓

完成時間：＿＿＿＿＿＿＿＿＿

					1
			3	4	
		2			3
	1		5		
	5	3			
2					

💡 小提示：

找一找，在右面中間的宮內，「1」可以填在哪個空格裏？

Q23 答案!

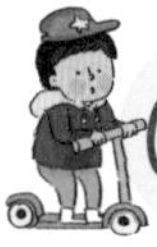

4	3	5	2	6	1
1	2	6	3	4	5
5	6	2	1	3	4
3	1	4	5	2	6
6	5	3	4	1	2
2	4	1	6	5	3

Q24?

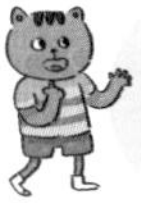

完成時間：________________

4	5				1
1					
		4	6		
		5	1		
					4
6				1	3

小提示：

找一找，在左下角的宮內，「4」可以填在哪個空格裏？

Q24 答案!

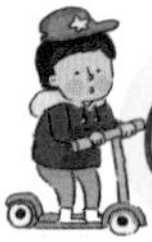

4	5	6	3	2	1
1	2	3	4	5	6
2	1	4	6	3	5
3	6	5	1	4	2
5	3	1	2	6	4
6	4	2	5	1	3

Q25

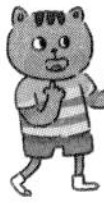

完成時間：________________

1					4
	4			6	
		5	6		
		6	4		
	2			1	
6					2

小提示：

找一找，在左上角的宮內，「6」可以填在哪個空格裏？

Q25 答案!

1	6	3	2	5	4
5	4	2	1	6	3
4	3	5	6	2	1
2	1	6	4	3	5
3	2	4	5	1	6
6	5	1	3	4	2

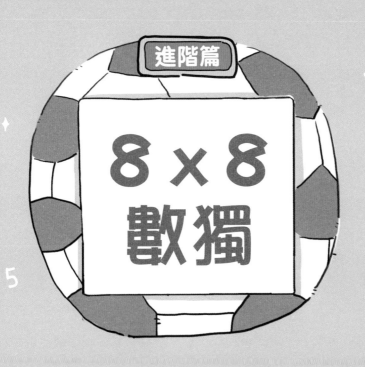

進階篇

8 x 8
數獨

8 x 8 數獨的遊戲規則

8x8 數獨謎題共有 64 個格子，有 8 個橫行，8 個直行和 8 個宮（2x4 格子），遊戲規則如下：

題目

	2					1	
5			4	7			3
			3	8			
	8	1			7	2	
	6	2			4	3	
			7	6			
3			2	5			1
	7					4	

在空格內填上數字 1 至 8，使得每個數字在每一橫行、每一直行，以及每個宮（2x4 格子）內都只出現一次。

答案

7	2	3	8	4	5	1	6
5	1	6	4	7	2	8	3
2	5	7	3	8	1	6	4
4	8	1	6	3	7	2	5
8	6	2	5	1	4	3	7
1	3	4	7	6	8	5	2
3	4	8	2	5	6	7	1
6	7	5	1	2	3	4	8

小朋友，快來接受挑戰，完成以下的數獨練習吧！

完成時間：＿＿＿＿＿＿＿＿

	4	3			2	1	
	2		1	4		3	
		6	4	8	7		
		1	2	6	5		
	6			3	7		8
	1	7			8	6	

小提示：

找一找，在左上角的宮內，「1」可以填在哪個空格裏？

Q26 答案！

1	5	2	8	3	4	7	6
6	4	3	7	5	2	1	8
7	2	8	1	4	6	3	5
5	3	6	4	8	7	2	1
8	7	1	2	6	5	4	3
4	6	5	3	7	1	8	2
3	1	7	5	2	8	6	4
2	8	4	6	1	3	5	7

Q27

完成時間：________________

4	6						1
			7	2	3		6
	1		8				
	4				2	5	
	8	2				1	
				7		8	
1		4	6	8			
3						6	7

小提示：

找一找，在第二橫行中，「4」可以填在哪個空格裏？

Q27 答案！

4	6	3	2	5	8	7	1
8	5	1	7	2	3	4	6
2	1	5	8	6	7	3	4
6	4	7	3	1	2	5	8
7	8	2	4	3	6	1	5
5	3	6	1	7	4	8	2
1	7	4	6	8	5	2	3
3	2	8	5	4	1	6	7

完成時間：＿＿＿＿＿＿＿＿＿

		2			1		
	8	7			6	4	
8	7					6	2
			1	4			
			7	3			
3	6					1	5
	2	4			3	7	
		5			8		

💡小提示：

找一找，在左上角的宮內，「1」可以填在哪個空格裏？

65

Q28 答案!

4	3	2	6	8	1	5	7
1	8	7	5	2	6	4	3
8	7	3	4	1	5	6	2
2	5	6	1	4	7	3	8
5	4	1	7	3	2	8	6
3	6	8	2	7	4	1	5
6	2	4	8	5	3	7	1
7	1	5	3	6	8	2	4

Q29?

完成時間：______________

	1					2	
3		4			5		6
	8		2	7		1	
		1			2		
		8			1		
	6		4	5		3	
2		6			8		4
	3					5	

小提示：

找一找，在右上角的宮內，「1」可以填在哪個空格裏？

Q29 答案！

8	1	5	6	4	3	2	7
3	2	4	7	1	5	8	6
6	8	3	2	7	4	1	5
7	4	1	5	8	2	6	3
5	7	8	3	6	1	4	2
1	6	2	4	5	7	3	8
2	5	6	1	3	8	7	4
4	3	7	8	2	6	5	1

Q30 ?

完成時間：_____

					1	2	
4	7				8	6	
5	8		1	2			
		6			3		
		7			4		
			6	1		5	3
	6	8				3	1
	5	4					

💡小提示：

找一找，在左上角的宮內，「1」可以填在哪個空格裏？

69

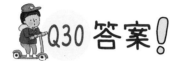

Q30 答案!

6	3	5	8	7	1	2	4
4	7	1	2	3	8	6	5
5	8	3	1	2	6	4	7
7	2	6	4	5	3	1	8
3	1	7	5	6	4	8	2
8	4	2	6	1	7	5	3
2	6	8	7	4	5	3	1
1	5	4	3	8	2	7	6

Q31 ?

完成時間：＿＿＿＿＿＿＿＿＿

			1				
	5	3			6	2	
	4		3	7		8	
		7			4		1
1		5			2		
	7		2	3		4	
	1	2			3	5	
				4			

小提示：

找一找，在右上角的宮內，「1」可以填在哪個空格裏？

71

Q31 答案!

6	2	4	1	5	8	7	3
7	5	3	8	1	6	2	4
2	4	1	3	7	5	8	6
5	8	7	6	2	4	3	1
1	3	5	4	8	2	6	7
8	7	6	2	3	1	4	5
4	1	2	7	6	3	5	8
3	6	8	5	4	7	1	2

Q32？

完成時間：__________________

7			3	2			1
		4			6		
	5					1	
1			2	4			3
3			4	8			2
	1					7	
		2			4		
5			8	3			6

小提示：

從左上角的宮入手，找一找「1」可以填在哪個空格裏？

Q32 答案!

7	6	5	3	2	8	4	1
8	2	4	1	5	6	3	7
4	5	3	6	7	2	1	8
1	8	7	2	4	5	6	3
3	7	6	4	8	1	5	2
2	1	8	5	6	3	7	4
6	3	2	7	1	4	8	5
5	4	1	8	3	7	2	6

Q33?

完成時間：____________

	6					1	
3			2	4			5
			3	5			
	4	1			3	2	
	3	2			1	5	
			7	6			
4			5	1			6
	2					4	

小提示：

找一找，在左上角的宮內，「1」可以填在哪個空格裏？

Q33 答案！

8	6	5	4	2	7	1	3
3	1	7	2	4	6	8	5
2	7	8	3	5	4	6	1
5	4	1	6	8	3	2	7
6	3	2	8	7	1	5	4
1	5	4	7	6	8	3	2
4	8	3	5	1	2	7	6
7	2	6	1	3	5	4	8

Q34?

完成時間：________________

	8		4	2		7	
1		7			4		5
	5					4	
2							6
7							1
	1					3	
5		6			7		2
	3		7	1		5	

小提示：

找一找，在右上角的宮內，「1」可以填在哪個空格裏？

Q34 答案!

6	8	5	4	2	1	7	3
1	2	7	3	8	4	6	5
3	5	1	6	7	2	4	8
2	7	4	8	5	3	1	6
7	6	3	5	4	8	2	1
4	1	8	2	6	5	3	7
5	4	6	1	3	7	8	2
8	3	2	7	1	6	5	4

Q35 ?

完成時間：＿＿＿＿＿＿＿＿

1	6					2	3
8	7					4	5
		8	2		1		
					5		
		1					
		4		2	3		
2	4					7	1
7	8					3	4

小提示：

從左上角的宮入手，只剩下「2」、「3」、「4」和「5」仍未填上。從第一橫行、第二橫行、第三直行和第四直行出現了的數字，可以幫助推斷出它們的正確位置。

Q35 答案!

1	6	5	4	8	7	2	3
8	7	2	3	1	6	4	5
5	3	8	2	4	1	6	7
4	1	7	6	3	5	8	2
3	2	1	8	7	4	5	6
6	5	4	7	2	3	1	8
2	4	3	5	6	8	7	1
7	8	6	1	5	2	3	4

Q36?

完成時間：＿＿＿＿＿＿＿

6	1					5	3
7				8			4
			2	6			
		4			1		
		6			4		
			3	2			
1			6				2
8	4					3	6

小提示：

找一找，在右上角的宮內，「1」可以填在哪個空格裏？

Q36 答案!

6	1	8	4	7	2	5	3
7	2	3	5	8	6	1	4
5	7	1	2	6	3	4	8
3	6	4	8	5	1	2	7
2	8	6	1	3	4	7	5
4	5	7	3	2	8	6	1
1	3	5	6	4	7	8	2
8	4	2	7	1	5	3	6

Q37 ?

完成時間：________________

	5					1	
3	4					6	7
			1	3	2		
		5			4		
		2			6		
		3	6	1			
1	6					4	8
	3					2	

小提示：

找一找，在左上角的宮內，「1」可以填在哪個空格裏？

83

Q37 答案!

2	5	6	7	4	8	1	3
3	4	1	8	2	5	6	7
6	7	4	1	3	2	8	5
8	2	5	3	6	4	7	1
7	1	2	5	8	6	3	4
4	8	3	6	1	7	5	2
1	6	7	2	5	3	4	8
5	3	8	4	7	1	2	6

完成時間：_____

	3					4	
6				2			1
			1	5			
	8	3		7	2		
		7	2		1	5	
			4	8			
1			3				2
	4					3	

💡小提示：

找一找，在右下角的宮內，「1」可以填在哪個空格
裏？

Q38答案！

2	3	1	7	6	8	4	5
6	5	4	8	2	3	7	1
7	2	6	1	5	4	8	3
4	8	3	5	7	2	1	6
8	6	7	2	3	1	5	4
3	1	5	4	8	6	2	7
1	7	8	3	4	5	6	2
5	4	2	6	1	7	3	8

Q39 ?

完成時間：＿＿＿＿＿＿＿＿

						1	
2		3			4		
	6		1	8		7	
		4		6	3		
		2	5		1		
	3		8	4		2	
		1			5		2
	4						

💡 小提示：

找一找，在左上角的宮內，「1」可以填在哪個空格裏？

Q39 答案!

7	5	8	4	2	6	1	3
2	1	3	6	5	4	8	7
3	6	5	1	8	2	7	4
8	2	4	7	6	3	5	1
4	7	2	5	3	1	6	8
1	3	6	8	4	7	2	5
6	8	1	3	7	5	4	2
5	4	7	2	1	8	3	6

Q40 ?

完成時間：＿＿＿＿＿＿＿＿＿

		3	5	2	8		
6		8			4		7
2				3			1
5			1				4
3		6			7		5
		4	2	1	5		

💡小提示：

先從第一橫行入手，只剩下「1」、「4」、「6」和「7」
仍未填上。由於第八直行出現了「1」、「4」和「7」，
便可以推斷出最右上角的格字只能填上「6」。

Q40 答案!

1	7	3	5	2	8	4	6
4	6	2	8	7	1	5	3
6	1	8	3	5	4	2	7
2	4	5	7	3	6	8	1
5	8	7	1	6	2	3	4
3	2	6	4	8	7	1	5
8	5	1	6	4	3	7	2
7	3	4	2	1	5	6	8

Q41?

完成時間：________________

			2	1			
		4			3		
	3	5			1	4	
1							2
3							8
	6	8			4	2	
		2			5		
			1	6			

小提示：

找一找，在左上角的宮內，「1」可以填在哪個空格裏？

Q41 答案!

5	7	3	2	1	8	6	4
8	1	4	6	2	3	7	5
2	3	5	7	8	1	4	6
1	4	6	8	5	7	3	2
3	2	1	4	7	6	5	8
7	6	8	5	3	4	2	1
6	8	2	3	4	5	1	7
4	5	7	1	6	2	8	3

Q42?

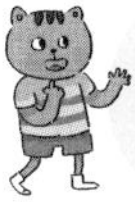

完成時間：________________

		1					
	3		2			1	
		2			3		1
			6	7		4	
	6		4	1			
1		3			5		
	4			5		6	
					2		

小提示：

找一找，左下角的宮內，「2」可以填在哪個空格裏？

Q42 答案!

6	8	1	5	2	4	3	7
7	3	4	2	8	6	1	5
4	7	2	8	6	3	5	1
3	1	5	6	7	8	4	2
5	6	8	4	1	7	2	3
1	2	3	7	4	5	8	6
2	4	7	3	5	1	6	8
8	5	6	1	3	2	7	4

完成時間：＿＿＿＿＿＿＿

6				4			5
			7	2			
		1	2				
	8	3				2	4
3	4				1	8	
				7	4		
			1	8			
5			4				3

小提示：

找一找，在第八直行中，「1」可以填在哪個空格裏？

95

Q43 答案！

6	1	2	3	4	8	7	5
8	5	4	7	2	3	6	1
4	6	1	2	3	7	5	8
7	8	3	5	1	6	2	4
3	4	7	6	5	1	8	2
1	2	5	8	7	4	3	6
2	3	6	1	8	5	4	7
5	7	8	4	6	2	1	3

Q44?

完成時間：________________

		3				1	
			5			7	2
8				1			
	4		3		6		
		8		2		6	
			1				3
4	2			5			
	6				1		

小提示：

找一找，在左下角的宮內，「1」可以填在哪個空格裏？

Q44 答案!

7	8	3	2	6	4	1	5
6	1	4	5	3	8	7	2
8	5	7	6	1	2	3	4
1	4	2	3	7	6	5	8
5	3	8	4	2	7	6	1
2	7	6	1	8	5	4	3
4	2	1	7	5	3	8	6
3	6	5	8	4	1	2	7

Q45 ?

完成時間：_____

2							1
	3	6			4	5	
	2					8	
			6	3			
			1	7			
	4					6	
	5	4			1	7	
3							2

小提示：

找一找，在左上角的宮內，「1」可以填在哪個空格裏？

99

Q45 答案!

2	7	5	4	6	8	3	1
1	3	6	8	2	4	5	7
5	2	1	3	4	7	8	6
4	8	7	6	3	2	1	5
8	6	3	1	7	5	2	4
7	4	2	5	1	3	6	8
6	5	4	2	8	1	7	3
3	1	8	7	5	6	4	2

Q46?

完成時間：＿＿＿＿＿＿＿＿

			5		3		
		2		4			
2						1	
	5		3	2			4
7			6	1		5	
	3						6
			4		6		
		1		5			

小提示：

找一找，在右下角的宮內，「1」可以填在哪個空格裏？

Q46 答案!

4	1	7	5	6	3	8	2
3	6	2	8	4	1	7	5
2	4	6	7	3	5	1	8
1	5	8	3	2	7	6	4
7	2	4	6	1	8	5	3
8	3	5	1	7	2	4	6
5	7	3	4	8	6	2	1
6	8	1	2	5	4	3	7

Q47?

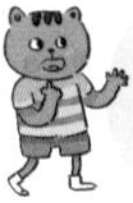

完成時間：________________

5							4
	1					3	
		4	6	2	5		
		8			4		
		1			2		
		7	3	4	6		
	3					5	
2							1

小提示：

找一找，在第六直行中，「1」可以填在哪個空格裏？

Q47 答案！

5	6	3	8	7	1	2	4
7	1	2	4	5	8	3	6
1	7	4	6	2	5	8	3
3	5	8	2	1	4	6	7
6	4	1	5	3	2	7	8
8	2	7	3	4	6	1	5
4	3	6	1	8	7	5	2
2	8	5	7	6	3	4	1

Q48?

完成時間：＿＿＿＿＿＿＿＿

7		8			3		6
			1	2			
2							1
	5					4	
	2					1	
4							3
			3	5			
8		5			6		7

小提示：

找一找，在右上角的宮內，「1」可以填在哪個空格裏？

Q48 答案!

7	4	8	2	1	3	5	6
5	3	6	1	2	4	7	8
2	6	4	7	8	5	3	1
1	5	3	8	6	7	4	2
3	2	7	6	4	8	1	5
4	8	1	5	7	2	6	3
6	7	2	3	5	1	8	4
8	1	5	4	3	6	2	7

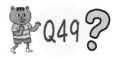

Q49?

完成時間：________________

		3			5		
			1	4			
5					3		2
	7					1	
	4					6	
1		2					3
			2	1			
		6			4		

小提示：

找一找，在右上角的宮內，「1」可以填在哪個空格裏？

Q49 答案!

4	2	3	7	6	5	8	1
6	8	5	1	4	2	3	7
5	6	1	4	8	3	7	2
2	7	8	3	5	6	1	4
3	4	7	8	2	1	6	5
1	5	2	6	7	8	4	3
8	3	4	2	1	7	5	6
7	1	6	5	3	4	2	8

Q50

完成時間：＿＿＿＿＿＿＿

1							2
			7	4			
		4			1		
	2		3			4	
	5			6		3	
		2			5		
			6	5			
3							1

💡小提示：

找一找，在右上角的宮內，「1」可以填在哪個空格裏？

Q50 答案!

1	4	6	5	3	7	8	2
2	8	3	7	4	6	1	5
7	6	4	8	2	1	5	3
5	2	1	3	7	8	4	6
8	5	7	1	6	2	3	4
6	3	2	4	1	5	7	8
4	1	8	6	5	3	2	7
3	7	5	2	8	4	6	1

《鬥智擂台》系列

謎語挑戰賽 1

謎語挑戰賽 2

謎語過三關 1

謎語過三關 2

IQ 鬥一番 1

IQ 鬥一番 2

IQ 鬥一番 3

金牌數獨 1

金牌數獨 2

金牌語文大
比拼：字詞
及成語篇

金牌語文大
比拼：詩歌
及文化篇

鬥智擂台
金牌數獨 ②

編　　著：謝道台　林敏舫
繪　　圖：胡舒勇
責任編輯：胡頌茵
美術設計：蔡學彰
出　　版：新雅文化事業有限公司
香港英皇道 499 號北角工業大廈 18 樓
電話：(852) 2138 7998
傳真：(852) 2597 4003
網址：http://www.sunya.com.hk
電郵：marketing@sunya.com.hk
發　　行：香港聯合書刊物流有限公司
香港荃灣德士古道 220-248 號荃灣工業中心 16 樓
電話：(852) 2150 2100
傳真：(852) 2407 3062
電郵：info@suplogistics.com.hk
印　　刷：中華商務彩色印刷有限公司
香港新界大埔汀麗路 36 號
版　　次：二〇二〇年六月初版
二〇二四年六月第三次印刷

原書名：《中國少年兒童智力挑戰全書：看圖玩數獨 2》
本書經由浙江少年兒童出版社有限公司獨家授權中文繁體版在香港、澳門地區出版發行。

ISBN: 978-962-08-7542-7